AF241476

NOMS ET DEMEURES

DES

MARCHANDS DE BOIS

DE CHAUFFAGE

en chantiers

DE LA VILLE DE PARIS.

PARIS.

IMPRIMÉ CHEZ PAUL RENOUARD,

RUE GARANCIÈRE, N. 5.

1838.

Noms et Demeures

DES

MARCHANDS DE BOIS

DE CHAUFFAGE

EN CHANTIERS

DE LA VILLE DE PARIS.

PARIS

IMPRIMÉ CHEZ PAUL RENOUARD,

RUE GARANCIÈRE, N. 5.

1838.

[illegible]

[illegible]

SIN
DUPUIS
COEFFIE
PARIS
BESSAL
CLÉRY;
THOURE
ROUGEL
HOUDA

BUREAU.

M. Louis VASSAL, Syndic.

MM.

DUPUIS aîné. . . . . . . }
ROEFFIER. . . . . }
ADJOINTS
Pour l'arrondissement S.-Antoine.

PANIS. . . . . }
ESNARD. . . . . }
ADJOINTS
Pour l'arrondissement S.-Bernard.

LÉRY, aîné. . . . . . . }
THOUREAU (Auguste). . . }
ADJOINTS
Pour l'arrondissement S.-Honoré.

OUGELOT. . . . . }
HOUDAILLE (Charles). . . }
ADJOINTS
Pour l'arrondissement S.-Germain.

M. ROUSSELIN-MICHAULT, Agent-général,
Quai de Béthune, n. 8, île Saint-Louis.

NOMS DE MM. LES MARCHANDS.	ENSEIGNES DES CHANTIERS.	
		ARRONDISSEMENT
AMIOT.	*chant. des anciens Marronniers.*	
BAUDOT.	*chantier du Diorama.*	
BAZIN.	*chantier des Filles du Calvaire.*	
BOISSELET.	*chantier de la rue de Charonne*	
BOURBON aîné.	*chantier du Château-d'Eau.* .	
BOURBON-COULON. . . .	*chantier de la Réunion.*	
BOURDILLIAT (Ambroise).	*à la bonne Foi.*	
BOURDILLIAT-LEBLANC.	*chantier du Château.*	
BOUVRET-CHEVET. . . ,	*chantier de la Tour d'argent et de la rue d'Angoulême.*	
CAZALOT (Madame) née RIEUSSEC.	*chantier couvert.* . . . . *chantier de l'Étoile.* . . . . . . *chantier de la Porte-S.-Antoine.*	
CHARDON.	*chantier de la Boule blanche.* .	

DEMEURES DE MM. LES MARCHANDS.	CONTRE-MARQUES.
SAINT-ANTOINE.	
faubourg du Temple, n. 77	J+A
rue des Marais-du-Temple, n. 8 et 10	
rue des Fossés-du-Temple, n. 6	BxZ
rue de Charonne, n. 50	E.B
rue des Marais du Temple, n. 30	BB
rue Amelot, n. 22	B-C
rue de Bercy, n. 44	ÆB
grande rue de Reuilly, n. 39	BL
rue d'Angoulême, n. 23	
rue de Charonne, n. 165	
rue de Charenton, n. 111	RC
place de la Bastille, angle du boulevard Bourdon.	
rue de Charenton, n. 53	CD

NOMS DE MM. LES MARCHANDS.	ENSEIGNES DES CHANTIERS.	
		ARRONDISSEMENT
CHENAL-JOLLOIS.	*chantier de la Grille.*	
CHOCARNE fils.	*chantier de la Forêt de Montargis.*	
COEFFIER fils.	*chantier de l'Étoile.*	
DROUARD (Mad. Veuve).	*chantier de l'Aigle d'or.* . . .	
DROUYN.	*chantier du Faubourg-Poisson-nière.*	
DUPUIS aîné.	*chantier du Grenadier.*	
GIRARD fils.	*chantier Saint-Vincent de Paul.*	
GUGELBERG et Comp^ie . .	*grand chantier de la rue Haute-ville.*	
HENRY-RADOT.	*chantier Saint-Sébastien.* . . .	
LALLÉ.	*chantier de la Roquette.*	
LEREUIL (Charles). . . .	*grand chantier de la Porte Saint-Martin.*	
LOUVET.	*chantier du Commerce.*	

DEMEURES DE MM. LES MARCHANDS.	CONTRE-MARQUES.
SAINT-ANTOINE.	
rue des Marais-du-Temple, 70 et 76 *bis*.	C.J.
rue des Fossés-du-Temple, n. 46. . .	P C
rue des Fossés-du-Temple, n. 52 *bis*, et quai de Valmy, quartier du Temple.	C F
rue de Charenton, n. 16.	G D
rue de Chabrol, n. 65.	(symbole) 3
rue basse St.-Pierre-Pont-aux-Choux, 16.	J ◆ D
place de la Fayette, n. 7.	G^F. B
rue Hauteville, n. 64.	C G
rue Saint-Sébastien, n. 19 *bis*	HR
rue de la Roquette, n. 44.	NL
rue du faubourg Saint-Martin, n. 124, et rue des Vinaigriers, n. 40.	L
rue des Vinaigriers, n. 30, domicile, rue Albouy, n. 6.	JL

NOMS DE MM. LES MARCHANDS.	ENSEIGNES DES CHANTIERS.
	ARRONDISSEMENT
LOUVRIER.	*chantier des Vendanges de Bour- gogne.*
MATHIEU–MILIOTTI. . .	*chantier de la Comète. . . . . . .*
MAUNY frères.	*chantier du faubourg St-Denis.* *chantier Saint-Laurent. . . . .*
MINOT	*chantier de Rochechouart.. . . .*
NIZEROLLE et TOUFFLIN.	*chantier de la Paix. . . . .* *chantier de la rue d'Aval. . . . .*
PAYOT.	*chantier du quai de la Rapée. .*
REGNAULT frères.	*chantier des Armes de France..*
ROUSSEAU-BELLESALLE.	*chantier des Lions. . . . .*
ROUXEL	*chantier de la Victoire. . . . . .*
THOUREAU (Auguste). . .	*chantier de Bellefond. . . . . . .*
VERRAT.	*chantier du Faubourg du Temple.*
VERROLLOT	*chantier de l'Écu. . . . .*

DEMEURES DE MM. LES MARCHANDS.	CONTRE-MARQUES.

SAINT-ANTOINE.

quai de Jemmapes, n. 150,
    quartier du Temple.

rue des Fossés-du-Temple, n. 52, et
    quai Valmy.

rue de Chabrol, n. 6. . . . .

rue des Récollets, n. 11. . . . .

rue Rochechouart, n. 34. . . . .

rue Amelot, n. 16. . . . .
rue d'Aval n. 22 . . . .

quai de la Rapée, n. 17,
domicile rue Saint-Antoine, n. 187.

rue Saint-Pierre Popincourt, n. 8. . .

rue Amelot, n. 54,
    domicile, rue Saint-Sébastien, n. 22.

rue basse St-Pierre-Pont-aux-Choux, 14.

rue du faubourg Poissonnière, n. 85. .

rue du faubourg du Temple, n. 14, et
    quai d'Austerlitz, n. 3.

rue du Chemin-Vert, n. 1, et rue Ame-
    lot, n. 24. . . . .

| NOMS | ENSEIGNES |
DE MM. LES MARCHANDS.	DES CHANTIERS.
	ARRONDISSEMENT
BESNARD.	chantier du Cardinal Le Moine.
BOUTIN aîné (François). .	chantier des Gobelins. . . . . .
BOUTIN jeune (Toussaint).	chantier de la Glacière. . . . .
BOUVRET jeune.	chantier de Sainte-Geneviève ci-devant du Panthéon.
CANDAS.	chantier de St-Jean-de-Latran.
CRETTÉ.	chantier de la place aux Veaux. chantier de la Grille. . . . . .
DESOUCHES-FAYARD. . .	chantier d'Austerlitz. . . . . .
FOUCHER.	chantier de la Boule blanche. .
GRILLON (François). . . .	chantier du Marais. . . . . . .
JADRAS.	chantier de l'Arcade St.-Jacques.
MILLOT.	chantier de l'Estrapade. . . . . chantier Millot. . . . . chantier des Ursulines. . . . . chantier de Dépôt. . . . . . .

DEMEURES DE MM. LES MARCHANDS.	CONTRE-MARQUES.
SAINT-BERNARD.	
quai de la Tournelle, 9 et 17	(B étoile)
rue du Grand-Banquier, n. 15 *bis* . . .	F*B
rue de la Glacière, n. 9	T♡B
rue d'Ulm, n. 16	B.J.
place Cambrai, n. 2	MC
rue de Pontoise, n. 11, rue de Poissy n. 3 et rue des Bernardins, n. 11 . . . }	(C écusson)
quai d'Austerlitz, n. 7, ci-devant de l'Hôpital.	F. D.
rue de Poissy, n. 9	J F
rue Mouffetard, n. 280	F G
rue Saint-Jacques, n. 241 et rue des Ursulines, n. 8	J.F. / F J
rue . . . . . n. 7, 9, 11, et 13	J M

NOMS DE MM. LES MARCHANDS.	ENSEIGNES DES CHANTIERS.
	ARRONDISSEMENT
PANIS.	*chantier du Bel-Air.* . . . . *chantier du Finistère.* . . . .
RATHIER et GUYON. . .	*grand chantier du Val-de-Grâce.*
VASSAL et comp.	*chantier du Faubourg.* . . . . . .

DEMEURES DE MM. LES MARCHANDS.	CONTRE-MARQUES.
SAINT-BERNARD.	
...ue de Poliveau, n. 27 et 28.	
...ue des Usulines, n. 1 et 3.	R & G
...uai de la Tournelle, n. 3 et 7.	LV & C

SAINT-BERNARD.

NOMS DE MM. LES MARCHANDS.	ENSEIGNES DES CHANTIERS.	
	ARRONDISSEMENT	
ADAM (Charles).	*chantier Saint-Sébastien.* . . .	rue d
BOURGIER.	*chantier du Bel-Air.*	rue de C
BRINCARD.	*chantier Saint-Louis.*	rue d près d
CLÉRY frères.	*chantier du grand Rouvet.*. . .	rue d l'Arc
DOISTAU.	*grand chantier de Saint-Georges.*	rue N
DOUX.	*chantier de l'Étoile.*	rue S
DUFLOCQ.	*ancienne maison Marcellot frères.*	rue d
GUILLOTEAUX aîné. . .	*aux deux Lions.*	quai d
HOULLIER et fils aîné. . .	*chantier du Chemin de Fer.* . . *chantier Notre-Dame de Lorette.*	rue S rue des
LEMAIRE.	*chantier de la rue Basse.* . . . *chantier de la Pologne.*	rue l rue S
MAGU.	*chantier du Roule.*	rue d
MARQUET (Auguste). . . .	*chantier de la Victoire.* . . .	rue d

DEMEURES DE MM. LES MARCHANDS.	CONTRE-MARQUES.
SAINT-HONORÉ.	
rue de la Pépinière, n. 53	ADAM
rue de Clichy, n. 45..	B·M
rue de Castellane, n. 4, près de la Madeleine.	B
rue de la Madeleine, n. 32, et rue de l'Arcade, n. 3	CL
rue Neuve-Saint-Georges, n. 9	3
rue Saint-Lazare, n. 91	ED
rue de la Pépinière, n. 50 *bis*	DF
quai de Billy, n. 32 (Chaillot)	G ★
rue Saint Lazare, n. 93 et 95	TH
rue des Martyrs, n. 33..	
rue Basse-du-Rempart, n. 64	LM
rue Saint-Lazare, n. 97	
rue du faubourg du Roule, n. 20.	HM
rue du Colisée, n. 6	ML

NOMS DE MM. LES MARCHANDS.	ENSEIGNES DES CHANTIERS.
	ARRONDISSEMENT
MARTIN.	*chantier du Croissant.* . . . .
NOEL.	*grand chantier de Tivoli.* . . .
OUVRÉ.	*chantier de l'Obélisque.* . . . .
POYET et fils.	*chantier des deux Frères.* . . .
	chantier du Colisée. . . . . . .
PREVOST.	*chantier Marbeuf.* . . . .
SAINTARD - DROUARD. .	*chantier de l'ancien Tivoli.* . . .
SAINTARD jeune.	*chantier de la rue de Clichy.* . .
	chantier couvert. . . . .
THOUREAU (Auguste). .	*chantier de l'Arcade.* . . . . .
THOUREAU nev. et LÉVY.	*chantier Saint-Lazare..* . . . . .

DEMEURES DE MM. LES MARCHANDS.	CONTRE-MARQUES.
SAINT-HONORÉ.	
llée des Veuves, n. 25.	☾
ue Saint-Nicolas d'Antin , n. 54. . . .	NOEL
uai des Champs-Elysées cours la Reine n. 2 et 4.	
ue de Ponthieu, n. 7 et au rond point des Champs-Elysées , n. 8.	VP
ue du Faubourg S.-Honoré, n. 109 *bis*.	
ue de Marbeuf, n. 8.	P.P
ue de Milan , n. 7.	SD
ue de Clichy, n. 63.	S
ue de Clichy, n. 53.	
ue de la Madeleine , n. 33.	T
ue Saint-Lazare, n. 118.	T^NL
SAINT-HONORÉ.	

NOMS DE MM. LES MARCHANDS.	ENSEIGNES DES CHANTIERS.
	ARRONDISSEMENT
BAROU.	*chantier de la Rue de Grenelle.*
BROSSONNEAU frères. . .	*chantier du Nord.* . . . .
CLÉRY frères.	*chantier de Babylone.* . . . . .
GALLAIS.	*au Garde national.* . . . .
GIRARD (Charles-Antoine).	*chantier de l'Espoir.* . . . . . .
GLUCK (Mad. H.).	*chantier du Bon-Pilote.* . . . .
HALLOT.	*chantier du Père de Famille.* . .
HOLLIER (Mad. Veuve). .	*chantier de l'Aigle d'or.* . . . . .
HOUDAILLE (Charles). . .	*chantier Saint-Louis.* . . . . . .
LOUAPT.	*chantier de la rue de Sèvres.* . .
MOREAU (Joseph).	*chantier du Midi.* . . . .

DEMEURES DE MM. LES MARCHANDS.	CONTRE-MARQUES.
SAINT-GERMAIN.	
rue de Grenelle, n. 174. domicile, même rue, n. 170.	**PB**
rue de l'Université, n. 133, et Esplanade des Invalides, n. 6.	B B
boulevard des Invalides, n. 2.	**C L.**B
boulevard Montparnasse, n. 10 en face la rue de Vaugirard.	IG
boulevard des Invalides, n. 10.	G·R
boulevard des Invalides, n. 28, domicile rue Plumet, n. 4 *bis.*	GK
rue Saint-Dominique, n. 133, esplanade des Invalides, n. 23.	**H**L
rue de l'Université, n. 132.	H·I
rue de l'Université, n. 136, et quai d'Orsay, n. 41.	CH AH
rue de Sèvres, n. 106, domicile, même rue, n. 143.	LL
boulevard Montparnasse, n. 8, au coin des rues de Vaugirard et du Cherche- Midi.	✝2M
SAINT-GERMAIN.	

NOMS DE MM. LES MARCHANDS.	ENSEIGNES DES CHANTIERS.	
	ARRONDISSEMENT	
OUDOT.	*chantier du Montparnasse.* . .	
PASCAL.	*chantier des Armes de France.* .	
PETIT.	*chantier de la Bourgogne.* . . .	
ROBERT.	*chantier de la Comète.*	
ROGER.	*chantier du Croissant.*	
ROUGELOT.	*chantier de l'Espérance.* . . .	
SAINTARD aîné.	*chantier de l'Etoile.*	
SPRONCK	*chantier de la flotte de Bourgogne*	
TÉTU et fils.	*chantier de l'Écu.* . . . . . . *au grand chantier.*	

DEMEURES DE MM. LES MARCHANDS.	CONTRE-MARQUES.
SAINT-GERMAIN.	
rue de Vaugirard, n. 95 (boulevard du Montparnasse)..	OD
boulevard des Invalides, n. 18 et 20 au coin de la rue Plumet. domicile rue Plumet, n. 14.	P
boulevard des Invalides, n. 8.	BP
boulevard des Invalides, n. 4.	PR
rue de l'Université, n. 151.	B
rue de l'Université, n. 140.	MR
rue de l'Université, n. 138.	N S
boulevard des Invalides, n. 6 et 8. . .	SPK
rue de l'Université, n. 137.. . . . . . . rue Saint-Dominique, n. 140.	T.T.

En amont

Pont Triozon.	*Rive gauche.*
La Verrerie.	—
Les Faux-Chemins.	—
Les Pierres d'Ivry.	—
Ile aux Pouilleux.	—
Gare de Bercy.	*Rive droite.*
Les Carrières Charenton.	—
Ile Pernelle ou Martinet.	—
La bosse de Marne.	*Rive gauche.*
Le grand Aï.	*Rive dr. etr. gau.*
Ile Poulette.	*Rive droite.*
Les Graviers du Port-à-l'Anglais.	*Rive gauche.*
La grande Berge.	—
Ile Maison.	*Rive droite.*
Petite Gare.	*Rive gauche.*
Chante-Clair.	*Rive droite.*
Pas de Chanterelle	*Rive gauche.*
Chanterelle.	*Rive droite.*
La Rose.	*Rive gauche.*
La Folie	*Rive droite.*
L'Aiguillon.	—
La Souris.	—
La Fosse – aux – Moines.	—
Ile aux Pommes.	—
Bac d'Ablon	*Rive dr. etr. gau.*
Maison Blanche	*Rive droite.*
Les Noyers.	*Rive gauche.*
Petit Mons.	—
Allée d'Athis.	*Rive droite.*
Bac de Châtillon.	*Rive gauche.*
Les Madriaux.	—
Pont Aguado.	*Rive dr. etr. gau.*
La Borde de Ris	—

AUX BOIS FLOTTÉS EN TRAINS,
de Paris.

Près de la barrière.
Commune d'Ivry.
Au-dessus de la Verrerie.
Vis-à-vis le château de Bercy.
Vis-à-vis Conflans.
Vis-à-vis le château de Bercy jusqu'aux Carrières.

En Marne sous le pont de Charenton.
     Idem.
Marne en amont et en aval de l'écluse inf^{re} du canal St.-Maur.
Seine en amont de la bosse de Marne.
En aval du Port-à-l'Anglais.
En amont du Port à-l'Anglais.
Vis-à-vis de la grande berge.
En amont de la grande berge.
Vis-à-vis de la petite gare.
En amont de la petite gare.
Commune de Maisons.
Du pas dè Chanterelle au pont de Choisy.
Sous le pont de Choisy. vis-à-vis la Rose.
Au-dessus du pont de Choisy.
En amont de l'Aiguillon.
Sous Villeneuve Saint-Georges.
En amont de Villeneuve-Saint-Georges.
Sous le passage d'eau à Ablon.
Au-dessus d'Ablon.
Vis-à-vis de la Maison Blanche.
Embouchure de l'Orge.
Vis-à-vis du village d'Athis.
Sous le village de Châtillon.
Plusieurs petites îles au-dessus de Châtillon.
En aval et en amont du pont.
Au-dessus du pont Aguado.